建筑水彩表现

/ Architecture Expression with Watercolor

著　平　龙

辽宁美术出版社
Liaoning Fine Arts Publishing House

序 >>

「　当我们把美术院校所进行的美术教育当作当代文化景观的一部分时，就不难发现，美术教育如果也能呈现或继续保持良性发展的话，则非要“约束”和“开放”并行不可。所谓约束，指的是从经典出发再造经典，而不是一味地兼收并蓄；开放，则意味着学习研究所必须具备的眼界和姿态。这看似矛盾的两面，其实一起推动着我们的美术教育向着良性和深入演化发展。这里，我们所说的美术教育其实有两个方面的含义：其一，技能的承袭和创造，这可以说是我国现有的教育体制和教学内容的主要部分；其二，则是建立在美学意义上对所谓艺术人生的把握和度量，在学习艺术的规律性技能的同时获得思维的解放，在思维解放的同时求得空前的创造力。由于众所周知的原因，我们的教育往往以前者为主，这并没有错，只是我们需要做的一方面是将技能性课程进行系统化、当代化的转换；另一方面，需要将艺术思维、设计理念等这些由“虚”而“实”体现艺术教育的精髓的东西，融入我们的日常教学和艺术体验之中。

在本套丛书出版以前，出于对美术教育和学生负责的考虑，我们做了一些调查，从中发现，那些内容简单、资料匮乏的图书与少量新颖但专业却难成系统的图书共同占据了学生的阅读视野。而且有意思的是，同一个教师在同一个专业所上的同一门课中，所选用的教材也是五花八门、良莠不齐，由于教师的教学意图难以通过书面教材得以彻底贯彻，因而直接影响教学质量。

在中国共产党第二十次全国代表大会上，习近平总书记在大会报告中指出：“教育、科技、人才是全面建设社会主义现代化国家的基础性、战略性支撑……全面贯彻党的教育方针，落实立德树人根本任务，培养德智体美劳全面发展的社会主义建设者和接班人。坚持以人民为中心发展教育，加快建设高质量教育体系，发展素质教育，促进教育公平。”党的二十大更加突出了科教兴国在社会主义现代化建设全局中的重要地位，强调了“坚持教育优先发展”的发展战略。正是在国家对教育空前重视的背景下，在当前优质美术专业教材匮乏的情况下，我们以党的二十大对教育的新战略、新要求为指导，在坚持遵循中国传统基础教育与内涵和训练好扎实绘画（当然也包括设计、摄影）基本功的同时，借鉴国内外先进、科学并且灵活的教学方法、教学理念以及对专业学科深入而精微的研究态度，努力构建高质量美术教育体系，辽宁美术出版社同全国各院校组织专家学者和富有教学经验的精英教师联合编撰出版了美术专业配套教材。教材是无度当中的“度”，也是各位专家多年艺术实践和教学经验所凝聚而成的“闪光点”，从这个“点”出发，相信受益者可以到达他们想要抵达的地方。规范性、专业性、前瞻性的教材能起到指路的作用，能使使用者不浪费精力，直取所需要的艺术核心。从这个意义上说，这套教材在国内还具有填补空白的意义。」

序

preface

建筑水彩的无我境界

>>> 作为建筑师，我很喜欢建筑水彩，画建筑水彩是最适合我们修炼艺术心性的方法了。我的建筑草图功夫得益于建筑写生，常走入自然与城市街区、花园庭院或是名胜古迹之中用画笔与建筑环境对话，受益匪浅。一个建筑水彩与设计相结合的方案常给房东以信心，大凡建筑设计大师都能来得一手好的建筑水彩。平龙先生这本建筑水彩画集就是一个证明！看平龙先生画建筑水彩很受启发，也让我胡思乱想许多。

>>> “买椟还珠”是有眼无珠？战国楚人卖珠宝，以现代营销眼光看他都是高手，其椟装潢得如此精美，能让郑人爱不释手。有此精美之椟，其宝珠也肯定价值不菲。椟为器用，珠为宝利。出珠宝价钱买个椟（丢下珠）回去的这家伙修养也该了得！且不说包装盒的价钱与珠宝差十万八千里，凭他毫不犹豫把珠扔回卖珠宝的商人，这气魄怕也不是一般人能做得到的。我们到画廊艺术店买个艺术品回家装点空间，明知回家也没地方摆这附送的包装盒（清楚迟早要扔进垃圾桶），就算手抱不下也很少舍得当场扔盒椟还商家再利用，都偏偏愿千辛万苦大盒小盒弄回家，根本就舍弃不下这盒盒椟椟的，更别说还珠。说这买椟郑人有眼无珠怕是我们都误会他了。如今价值连城的老古董还不是椟器占绝对的多？珠宝实属身外之物，有浮利而无真用，世人终究都是要弃珠留椟。如果那天地球人实在要搬迁，优先带走的肯定是于生命息息相关的椟而非什么珠宝。郑人意不在珠，真有人生大境界。

>>> 人生境界各异，做工上班做买卖办公司都是有境界人生。人人虽有说不尽的艰辛与劳作，人生故事既有能感人至流涕，也有遗憾令人发抖发呆的，但能度完一生中途不夭折，就是好人生，就是大境界，因为都实实在在做了回人。有哲学家把这境界叫故事人生境界。

>>> 人生另一种境界即太和人生：阴阳调和，顺谐滋美。该境界常见于所谓贤士墨客艺术仁人。贤士达人因对社会人情世态了如指掌，在社会生活中如鱼游于水，得心应手，和合离散皆宜，一生基本都风调雨顺般过。农夫土人农忙播种收割，农闲打牌狩猎搓麻将，轻重缓急坦然踏实。墨客更是内心驰骋于文字世界，描绘自我与社会世界方方面面。艺术人则追求个中性情与自然万物——客观与主观相融。一生下来作品汗牛充栋，不亦乐乎，个个都活

成个人样，这可是人们追求的太和人生境界。我估摸着这郑人视珠宝如粪土应该还有更高一层人生境界。

>>> 人生至高境界说的是“无我无情”（神仙都有情有我）。情为何物，生不带来，死不带走。“我”又为何物？生下来时谁也不知自己是谁，知道的话就会告诉接生婆“我来了”，不能告诉只能说明混沌一个非“我”之常人，“我”之死也带不走这个“我”。属于我的一切离开人世瞬间全留了下来，又归回一个混沌。无我境界存在于生前与死后，神话中神仙都大多有情有我又似乎都能忘情无我。真人生中能达此境界也只按书上传说才有：庄子、老子及众多入禅境的教界尊师，我感觉他们都是忘我大境界人，科学界艺术界人士似乎也都常能达这境界。这买椟郑人似乎也到了无我境界，众生视珠为宝，他却视珠宝为废物甚至到无物（弃之很自然），买椟也许就是买个“用”罢了，说到这里又想起九方皋相千里马忘其肤色之典故，异曲同工，都是得器而忘形。看来“无我境界”就是至高人生大境界——即天人合一的无上高境界。这种无我境界在平龙先生的建筑水彩走笔过程中得到了很好的体现。

>>> 建筑水彩境界也同样有此三层？仁者见人，智者见智。建筑无形？建筑水彩无建筑？水彩定义可以很大，我就觉得中国画、中国书法或涵盖了水彩，黑白墨也是彩系中两大色。我也觉得大自然是水彩真人的手笔！陪平龙先生庐山或尼泊尔等野外写生时，就常看到一阵山雨飘过，数缕阳光如水彩挥白般倾泻下来，山地色泽清透，层层叠叠，润湿明朗，乡野建筑穿插其中，谁也不太注意树木枝叶在这，兀石枯树在那，建筑具体颜容也是常常入不来眼中，所感观及心觉到的整体就是一幅水彩。水彩、国画、书法就是生存在大自然怀里。一方大自然孕育着一方艺术水彩、一方国画。陪平龙先生在土耳其伊斯坦布尔或是景德镇等城市写生建筑街景，也不时看到炊烟串腾升空持续缠绵，其中建筑陪伴落日余晖，不舍晚霞丰盈。此场景虽会看到、感觉到嵌入其中建筑的壮丽与自然大地的劲歌，心中构成的其实也还是一幅水彩。一方大地建筑及自然环境涵养成一方建筑水彩！一方土地养育一方建筑水彩人都是真的啊！话说回来，如果我们欣赏平龙先生的建筑水彩，我们

仍然很容易忘了眼前这建筑的存在，看到的正是自然的（描绘建筑的）水彩！我喜欢蹲在平龙先生旁边看他建筑水彩写生创作过程，在这过程中我常感觉不到他笔下建筑的存在。一幅作品完成，题跋写完，回过神来才认定这是幅建筑水彩画！

>>> 建筑水彩当然是可以有建筑的。建筑之门、窗、墙头及瓦脊活跃于画面形成音乐美，建筑是凝固的音乐。不仅有建筑也有生活其中的人及树木，大树下的牛，甚至牛在打盹在吃草，这水彩充满故事情节，给欣赏者带来欣喜，甚至喜形于色！这是建筑水彩画的境界，建筑水彩描写出建筑相关故事，这也叫“建筑水彩故事之境界”？再则，建筑水彩画可以有生活，建筑是器——器容生活，建筑水彩很能描绘出生活之美。画面上一缕炊烟道尽画中建筑所居士人的温馨生计，画中建筑檐下燕雀纷飞表达的正是建筑环境阴阳相和、心性相生以至于建筑与自然一体带来生机勃勃，现实中建筑的前塘后山、负阴抱阳、相和环境，不仅给山居人家带来人丁兴旺，家大业大，也易引发水彩艺术人之情兴意兴，画劲十足。 好的建筑空间环境使艺术人趋之若鹜，并泼墨挥毫。相识是缘，也相互间成知交，一次没画够又来两三回。周庄、婺源、乌镇、丽江、凤凰、米脂、平遥，于是成了建筑水彩师生扎堆的地方。庐山别墅建筑空间与平龙先生已成知交，他画庐山建筑水彩，就画出一本作品集来（2010年出版）。如果说现实中建筑是凝固的音乐，而建筑水彩中的建筑却让这凝固音乐流动鲜活起来。这应是建筑水彩的另一高境界。该境界中建筑水彩无我无建筑，阳光其中，生机勃勃也时有性情倾轧，无我无建筑是否就是建筑水彩至高境界？至少已是平龙先生建筑水彩画一大特色。庄子讲大道无形，我暂还不敢说他也像吴冠中先生那样大画无物，不拘于形甚至达无形，但我看到了他的建筑水彩境界已非寻常了。

>>> 郑人买椟还珠与平龙先生的建筑水彩过程无视建筑是不是同一回事，我本文好难说得清楚，愿与读者参与到平龙先生建筑水彩行程中一起去探讨。他常行走世界画建筑水彩，有同行意向者不可错失良机！

余工

2011年12月9日于庐山西海洋

作者：高东方　碛口山村

目录

contents

第一章

水彩与建筑水彩

第一节　水彩画的概念

以水为媒介，调和矿植物颜料用于记录生活、表达情感的方式可追溯到远古时期，只是这种表达方式随着时间的推移人类文明的进步逐步开始细分为多种艺术方式。可以说在人类文明发展的各个时期都可以发现这种艺术活动存在的印迹。如不同地区的岩画、壁画、中国水彩墨等。然而，考察真正含义上的水彩画应上溯到文艺复兴时期，至18世纪于英国发展成形，遂成体系。到了近代，水彩，这一独特的艺术形式已广为传播到世界各地，并与当地的本土艺术相融合，丰富、发展了水彩画的阵容和体系。

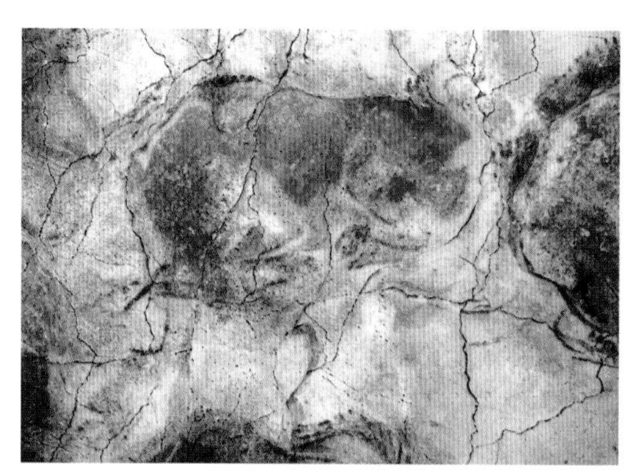

垂死的野牛图　西班牙阿尔塔米拉洞穴岩壁画

作者：约瑟夫·马洛德·威廉·透纳
伍德弗汉普顿·斯塔福郡

作者：约瑟夫·马洛德·威廉·透纳　银白的图书馆

作者：约瑟夫·祖布克维克　间中

作者：阿尔瓦诺·卡斯泰格奈特　中午时分

作者：奥古斯都·奥本斯　尼罗河上的小帆船

作者：冉熙　上海大世界

从水彩画的成因历史和目前的发展状况来看，水彩有其不可替代的本质特性和宽泛广含的外延。笔者以为水彩最本质的定义为：以水为媒介，调和水溶性颜料进行作画的一种绘画形式。为了便于研究，我们把水彩分为广义水彩和狭义水彩。

1.广义水彩是指以水为主要调和剂，调和水溶性颜料为主，作于任何纸基或其他材料的一种绘画方式。画材包括了如丙烯、液体水彩、水溶性彩色铅笔、油画棒、油画颜料、拼贴材料、丝网印刷等。广义水彩拓展了水彩画的表现手段和方式，为水彩画绘画形式的多样性发展提供了更为广阔的空间。

2.狭义水彩也称透明水彩，其概念是指以水为调和剂调和专用的水彩颜料，作为专用的水彩纸上的一种绘画方式。专用水彩颜料其主要特点是较一般水溶颜料更为透明，专用水彩纸一般为本白，有着雅致的特殊纹理。纸纹的作用在于滞留水色，在作画过程中形成水色流动混合的特殊效果，是水彩画独特趣味形成的方式之一。本白是指专用水彩纸所用材料为天然麻棉，经处理后形成的原白色，这种原白色具有稳定不易变色的特点。将透明性水彩颜料画于白色水彩纸上，水彩纸的白底形成的反射光与水彩颜料所形成的颜色透明效果形成水彩画另一大特色。

因广义水彩的研究范畴更多结合了艺术家对于艺术个性的理解和创造，所形成的发展方向与空间具有多样性。在此，由于主题所限就不赘述了。

狭义水彩源自于欧洲水彩，传承了特别是英国水彩的作画特点，技法具有一定的认知和作画规律。

广义水彩与狭义水彩二者之间有不同之处，更有共通之处，二者之间没有明确的界限，之间的度的把握因人而异。因主题关系本书主要对狭义水彩——透明水彩（以下简称水彩）的材料、画法、技法特点、艺术趣味及建筑表现实际运用做一定的介绍。

作者：倪贻德　山村小店

第二节　水彩画源流

广义的水彩画的起源在东西方都有着数千年的历史。无论是埃及尼罗河岸纸莎草茎卷轴上的细密画，还是记录在羊皮纸上的手绘典籍，都留下珍贵的水彩印迹。在东方，以水调和研磨的颜料很早就用于佛教彩绘艺术中。中国传统绘画中有许多着色水墨、彩墨作品与水彩有着近缘关系。

从狭义水彩看，真正具有透明水彩特征的水彩画当发端于德国，兴盛于英国。18世纪—19世纪，英国的艺术家们将水彩画润泽、明丽、典雅的特质与英国的自然环境、生活趣味、民族特色结合起来，使得水彩画在英国得到了飞速的发展，形成完整的体系，英国成为现代水彩画的发源地。

作者：理查德·帕克斯·博宁顿　巴科城堡遗址

作者：约翰·康斯坦布尔　泰灵顿教堂

100年前水彩画传入中国，其灵动、含蓄的审美，运用笔、水、色、纸的作画方式与中国艺术的文化审美心理产生了近距离的和鸣和融汇，使得水彩画这一外来艺术形式在中国快速发展，具有广泛的群众基础产生了大批优秀的水彩画家。

作者：徐坚　古镇

作者：刘寿祥　威尼斯水乡之二

作者：黄铁山　婺源组画之四晨雾

作者：张英洪　梵蒂冈大教堂

作者：王维新　霞光映寺院

第三节　水彩与建筑

水彩画兼具东西方绘画表现的许多手法，既能表现西方绘画传统所强调的体积、光色的变化，又兼具中国绘画中的笔墨水韵，水彩表现手法多样、题材广泛，可以表现风景、人物、静物及风格各异的意象、抽象作品，成为独具艺术价值的作品形式。水彩画又因其所使用的工具简洁、实用、携带方便、表现快速，故而水彩还有着很强的实用功能，广泛地应用于建筑设计、景观设计、工业产品造型设计、服装设计等领域。

从水彩的实际应用看，这一画种从其形成之初就与建筑、景观有着不解之缘。从最初的环境地貌的勘测到构建城市的建筑群落的图稿都可以看到水彩的印迹，看到水彩这一领域的表现。

水彩颜料透明、作画工具简便，其适用性强的技法特点使得其在捕捉设计灵感、表达设计意图，沟通交流设计理念等方面有着重要的作用。老一辈许多建筑师有很多都是驾驭水彩画的高手。建筑在体量、空间与庄重典雅的装饰所构成的整体本身就是艺术的体现，建筑凝重的美与水彩清透诗化的美有着动静相宜的互补统一，产生特有的美感。

我们知道，在目前可知的范围内，茫茫宇宙，地球是唯一有水存在的星球，是水赋予了大地万物以四季轮回。由于水，有了阴晴雨雪、春华秋实。水是地球上时刻不能少，而又遍布各处的物质，人类所进行的创造活动自然也离不开水。我们的先民用水调和矿物颜料在岩洞里记录日转星移、丰收捕获，从植物中萃取颜色染织布衣锦袍。随着文明的进步，人类进一步产生了了解与征服远疆的欲望，他们用水调和彩墨记录所见所闻。到了中世纪，人们面对自然的生存能力进一步加强，生存与对精神文化的需要使得建筑业进一步得到发展，建筑样式更为丰富，功能更为多样。在中国北宋期间出现了独立的建筑画——界画，在西方则出现了以水彩渲染为主的建筑画。到了近代，水彩和建筑结合的就更加紧密了。在西方不但出现了许多水彩画家描写建筑与山川地貌的水彩作品，同时水彩在建筑设计中的运用更为普遍，分工也更加专业化。

作者：Bowland Hilder　伦敦塔桥

作者：托马斯·吉尔丁　意大利建筑与人物

作者：Birch Burdette Long　圣地亚哥展览馆

作者：Francis S. Swales　曼哈顿河东岸局部立面

作者：Bowland Hilder　闲逛

作者：Rosa M.ª Bolet Medina 住宅立面图

作者：T.W.Schaller
苏格兰 Borthwick 城堡

作者：陈飞虎　老镇阳光

作者：Joseph C. Knight　亚特兰大 Merietta 11号塔楼鸟瞰

作者：Charles Garnier　巴黎歌剧院室内细部

第四节　水彩画建筑效果特点

水彩的特有美感。透明水彩颜料经水的润泽，在水彩纸上所形成的水和彩的变化可突出显现以下效果：

1.透明性

水彩的透明性可以使得在表现建筑体时清晰地保留其轮廓结构，表现空间体量，能很好地兼顾结构与细节，色彩与气氛，表现建筑主体与环境的协调融合。

2.过渡特征

水彩画中的湿画法能很好地使两色或多色之间产生丰富的过渡变化。这种特有的水色润化效果可以很好地表现开阔的天空、水面。水彩基本技法中的渲染法用于建筑中的大面积的墙面与玻璃，可起到很好的效果。

作者：Suns S.K.Hung　Four rimes广场

作者：KPF事务所　美国波士顿

3.边缘线

建筑的转折有着清晰的界面，这种面与面的转折变化体现着建筑的建筑语言和造型特征，而水彩画中的干画法可以很好地体现建筑的这些特点。

作者：Lawrence Wright　斯德哥尔摩

作者：KPF事务所　美国费城Mellon银行室内

4.生动性

水与彩的干湿交织、点彩渲染可产生趣味丰富的变化，使得单纯或平淡无奇的场景顿时变得生动起来。

作者：杨健　槟城的街

5.水的灵性与创思的触发

水彩画的趣味不但体现在表达的结果，而且自始至终存在于表达的过程中。在作画过程中，不断触发的灵感是造就佳作的重要成因，让你在思绪的黑暗中找到思路的出口。

作者：杨健　斜阳街市

作者：布少华　街景一

作者：夏克梁　门前小溪

作者：爱德华·韦森　圣马丁国家美术馆

6.人文气息

水彩效果雅致明丽、含蓄灵动的美感特质与凝固的音乐——建筑沉稳的体量、理性的美形成互补的关系，建筑那充满形式感的造型与水彩的诗性形成有机地结合。

作者：刘亚平　老街

作者：龚玉　重庆石板坡

综上所述，水彩与建筑的结缘不但有着历史渊源，还有着互补的内在联系，在当下有重要的实际运用的功能。可以说，水彩既有着快速描写对象，捕捉内心灵感闪现的“叙事性”的一面，又有着放飞思绪，表达内心艺术创作的另一面。由于水彩表现的两面性，为了方便表述，笔者习惯将以水彩艺术探求为目的的水彩称为“水彩作品”，将应用于某专业领域的水彩称为“专业水彩”，应用于建筑的水彩表现则称为“建筑水彩”。

然而，所有的细分叙述都只为表述一个阶段过程，艺术的终极目标是相通的，都是在寻找确定一个表达方式，当到达一定的境界高度后其内在的核心理念是相通的。我们时常会看到这样一种现象：一些艺术大家，其跨界艺术类型的作品达到相当的高度。那些引领时代的大家做到了融会贯通，致使其可以自由出入于各艺术形式之间。

第五节　水彩于建筑设计中的运用

水彩画与建筑设计之间有着密切的联系，从表现手段看主要有：

1.捕捉灵感，发展创思。

2.表达设计意图，沟通设计思路。

3.展现设计方案，实现设计目标。

这三点在如今电脑普及的时代有着特殊意义，其随心而动的特点是实现真正原创设计的重要手段。水彩与建筑艺术在探索其造型及艺术规律的本质是相通的。此外，从审美形式上看其相通之处就更多了。如：节奏变化，对比协调，虚与实，松与紧等处理手段。建筑设计人员从艺术实践中领悟艺术的真谛，提高艺术人文修养，水彩画作者也可以从建筑中感受历史文脉传承，人与环境的和谐与冲突，感受世界各地不同地域的文化差异以及这种差异所形成的居住、

作者：夏克梁　春雨

生活、习俗的异同。同时建筑还是随着科技水平不断发展而发展的，新材料、新工艺、新施工方式的更新，革新着建筑的营造方式及形式，从中我们可以感受到时代进步的气息。

总之，二者之间有区别更有着紧密的联系。你中有我，我中有你。切莫将二者机械地割裂开来。有追求、有目标，水彩和建筑就是帮助你飞向目标的双翅。

作者：朱瑾　拆迁生活

第二章

水彩的特性

作者：华纫秋

第一节　材料工具

一、纸张

绘画为视觉艺术，需对作画的整个“流程”的视觉效果高度敏感。如中国画一样，纸为水彩画的载体，起着至关重要的作用。每一位初学者必须对水彩纸有个总体体验，从中慢慢形成个人用纸体验。这种对纸张体验的过程也是不可缺少的思考过程。会有初学者问：老师，请问哪种纸好？其实这样的问题很难回答。确切地说，纸本身并无确切的好坏之分，只有是否适合之选。因为画无常法，每个人都会在绘画实践中逐渐形成结合个人特点的画材选项。因此提倡勇于实践，逐步体会，最后因人定纸，因画择纸，更符合艺术规律，但用于建筑专业水彩的用纸不宜太厚，纸纹不宜太粗。专用的水彩纸很多，从大类分有机制纸、手工纸。机制纸价格相对便宜，纹理一般，纤维较短。手工纸为本白，与机制纸相比略偏米黄，纹理较好，边缘较多为毛边。从纸的压制方式分分为热压、冷压。热压纸表面光滑不易存色，目前使用广泛的水彩纸为冷压手工纸。按纹理可分为细纹、中粗纹、粗纹三种。按重量分，有195克、300克、450克等多种。从地域角度分类可分为国产、进口。国产保定水彩纸尚可用，专业水彩画家目前较多使用进口水彩纸。进口水彩纸主要有法国康松公司生产的阿诗、枫丹叶、梦法儿等，英国的山度士、获多福，意大利的法比亚诺等。以上水彩纸性能都各有特点，有的笔墨感觉好，有的显色还原性佳，有的有着特殊的存色沉淀纹理。作者可根据不同需求有所选择。此外，针对不同用途，水彩纸还制成适合于写生的小幅速写本（有4开、8开、16开、32开不等）、大幅的卷筒水彩纸（门幅从1.15m至1.5m不等，长度一般为10m）。

二、颜料

透明水彩颜料主要有三类：

1.软管（锡管、塑料管）装膏状水彩颜料。此类颜料是水彩画家最常用的颜料类型。这种颜料干湿适度，润度均匀，调色迅速，显色性好。市场上常见的国产品牌有马利专家级、熊猫，合资品牌有温莎.牛顿、樱花、梵高、伦勃朗等。

软管装膏状水彩颜料

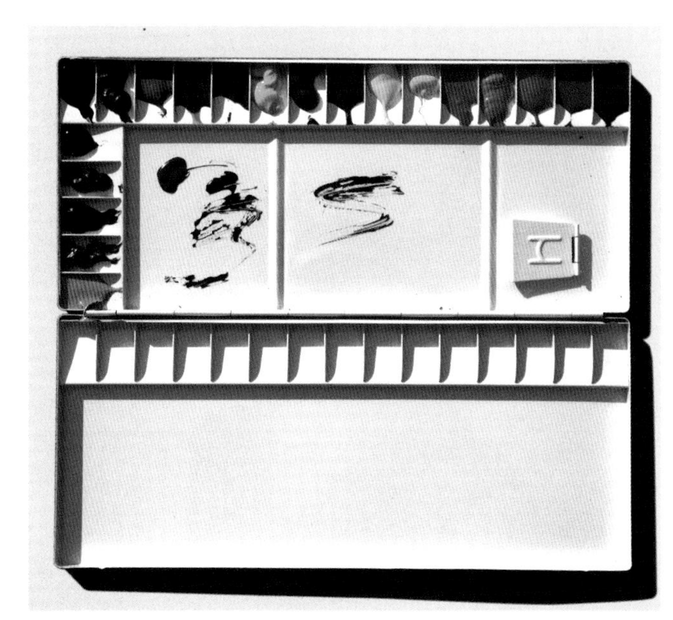
膏状颜料调色盒

高级的水彩颜料颗粒细腻、色纯、发色肯定强烈。质量差的颜料研磨不匀，颗粒粗，添加剂混合不匀，有挤色困难、易干等问题。不同品牌的颜料在性能、色相上会呈现不同特点，选购时可择其所需。另外，当取得一定作画经验后，可选择不同品牌的颜料混合使用，合理使用可产生出人意料的效果。总之，必须通过实践，勇于体验，视个人情况选择颜料。

2.固体水彩。脱水成为固态颜料后，仍具有很好的融水性，但色量偏小。体积小便于携带，适合小幅作品或辅助类上色，非常适合设计师使用。有6色、12色、18色、24色不同数量组合可供选择。用完可卸装新色块。

3.液体水彩。液体水彩色分为塑料管、玻璃瓶装，色纯而透明，无颗粒，易褪色，适用于商业设计辅助用色。

固体颜料

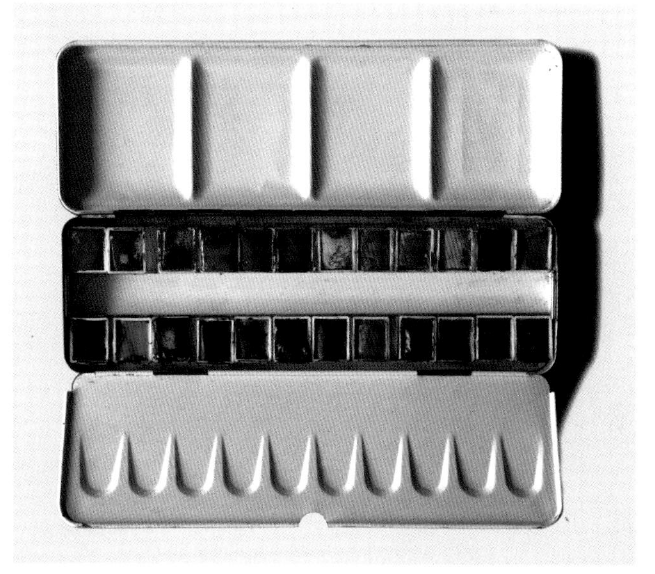
固体颜料调色盒

三、画笔

按使用功能可分为排刷、圆笔、线笔三类。顾名思义，排刷主要用于铺展一定面积的用笔。其特点为作画面积大而易于控制过量的水分，品牌和产地不限。但国产的一些底纹笔因用石膏封边，棉麻线固定（进口用铜丝固定），长时间浸水会影响使用。圆笔，有专用的水彩笔，也可用中国传统毛笔。笔毛有各种质地的，有羊毫、狼毫、鼠须、兼毫（混合型）。各种圆形笔是作画的主要用笔。线笔，用于勾勒细部、轮廓和线形用笔之处，可根据需求采购长、中、锋线笔。线笔笔毛应有一定弹性不宜太软，兼毫以上为宜，峰毫也不宜太短，峰短则蓄水色量不够，影响用线的连贯性，但刻画细部较好。

画笔

四、其他工具

1.画板：市场有售或自制。五厘板、塑料板、玻璃皆可用作画板。画法不同画板的放置也不同。主要有水平、竖直两种形式。

2.刮刀：刮刀用于水彩画，具有用笔不可替代的效果，可根据干湿不同的状态刮出深浅不同的效果。

3.其他还需备置调色盒、喷水壶、笔洗、吸水纸、胶带、图钉、画夹、蜡笔、椅子、伞等。

第二节　关于水彩颜料的属性

1.颜料排列：在调色盒中，以色环顺序排列颜色。这样不易产生混合，否则导致调色盒色相不明确。

2.色彩的属性：如同一个优秀的战士必须了解手中武器的性能一样，画家认识手中的武器要从每一块颜色开始。

（1）柠檬黄：三原色之一，无法用其他颜色调出，是黄色系列中明度最高的一种。柠檬黄暖中偏冷，有带点绿色，纯净，明亮，有光感，透明无沉淀。

（2）中黄：黄中偏暖，温暖明亮，中度透明，其给人的心理感受为温和、饱满，有甜味的联想。

（3）土黄：黄中带黑，黄色中明度最低的一种。较不透明，色泽沉稳雅致，加水后呈现明亮而含蓄的浅黄，与其他颜色调和也极易协调。

（4）橘黄：又称橙色。黄中偏红，给人以温暖跳跃的动感。比中黄更具有甜味感，有很强的感染力且易与其他色构成色彩关系。

（5）朱红：红中偏黄，为红色中明度最高的一种。在风景中较少单独用到。一般都与其他色调合使用。如某种状态下的天空色，于蓝色中调入少量朱红可起很好的效果。

（6）大红：色彩鲜亮，纯度高。

（7）曙红：又名西洋红。三原色之一，其他色无法调出。明度低于大红，与大红相比偏冷。加水后可形成亮丽的粉红。

（8）玫瑰红：为色系中最冷，明度最低的色，透明，渗透性好，易泛色。

（9）赭石：矿物颜料，颗粒较大，易产生沉淀，发色性好，透明度较低。画很透明且颜色纯净时慎用。

（10）熟褐：透明度低，色泽沉稳，明度低于赭石，偏黑，与其他色混合能有效地降低色彩纯度，使色彩雅致协调起来。

（11）生褐：明度纯度低于熟褐，较熟褐冷。用于暗部易发灰，加水和其他色混合用可有效调节画面，使之沉稳。

（12）粉绿：透明度低，明亮、冷艳、雅致。为春季作画不可缺少的颜色。

（13）翠绿：绿中偏蓝，非常鲜艳，加水后形成不可替代的浅绿。

（14）淡绿：绿中偏黄，绿色系中最暖的色，较透明、有阳光感。

（15）深绿：绿中明度最低的色，暖于翠绿，色彩沉静，与褐类色、深红相混合是表现暗部的主要颜色。

（16）橄榄绿：为绿色中纯度、透明度较低的颜色。

（17）钴蓝：矿物成分较高，较不透明。色相明亮而雅致，有红味，易产生沉淀，是天空和背影处的常用色。

（18）湖蓝：微绿味，蓝色系中偏暖，鲜艳明亮，较透明。有阳光感，接近三原色的蓝。

（19）群青：较湖蓝偏紫，偏冷，有矿物成分，可发生沉淀，较透明，为风景画中暗部的常用色。

（20）普蓝：即普鲁士蓝，蓝色系中明度最低的，偏黑，色泽稳定，透明，渗透性好，为暗部的常用色。

（21）青莲：透明，泛色性强，蓝中偏红，偏暖，显色性强，单独使用要慎重。

（22）紫色：与青莲相比偏红，偏暖，泛色性强，较透明。

（23）太青蓝：明度略高于普蓝，与普蓝相比偏绿，透明，色感强烈，混合使用效果较好。

（24）黑：在传统色彩学中，黑不在其列。但当代水彩画中，黑色无可替代。黑色是明度最低的颜色，不透明，具有硬度，力度感。心理感受为理性、沉默、肃穆。但具体使用时需考虑好面积范围。

（25）白：不透明，在水彩中可起到提高明度，增加水色的稠度，方便控制形态，也可增加色彩柔度、润度。白色不可替代白纸、留白。

此上列举的颜色的一些物理属性以及一般的心理感受，具体在作画过程当因人而异。以上颜料中透明类颜色色彩纯净，透明性强，不产生沉淀，色感轻快，可湿画也可干画层层叠叠。不透明颜色则反之。也可二者互补混合以增加透明度的力度厚度感，或增添不透明色的空间感，轻快感，总之需通过反复的实践掌握颜色特性，做到胸有成竹，运用自如。

第三节　水彩画色彩知识

一、色彩名词

1.色相：指颜色属相名称。

2.明度：指色彩的明暗程度，黑白为明度二极，三原色中黄色明度最高，依次为红、蓝。一种色相调入白色明度提高，调入黑色明度降低。加入水分越多明度越高。

3.纯度：指色彩纯净饱和的程度。三原色纯度最高，颜色相调（加）越多纯度越低。颜料中各种色相为该品种色相纯度最高，加入黑、白、水后纯度降低。

4.光源色：太阳光由不同波长的红、橙、黄、绿、青、蓝、紫七种为人能感知的色光组成。由于七色的光波长度不同，经过大气层的穿透力也不同，故在不同时间日光所呈现的光源色也不同。火光、月光都有不同的光色，这种不同色彩的发光源称之为光源色。色光三原色为：红、绿、蓝。相加为白色。

5.固有色：物体吸收不同的光色反射出的相同的光色称之为固有色。

如：红即吸收其他光色，反射呈现为红色的固有色。黑色吸收所有光色。白色反射所有光色。

6.环境色：物体不但吸收光色同时反射光色，这种受光源照射形成了物体之间的光色反射称之为环境色。光源色、环境色、固有色三者变化规律：

（1）所有物体都受光源色影响。（2）相同的物体在不同的全光色光源下呈现不同的色彩，但呈现固有色特征。（3）物体受光面主要受光源色影响，暗部受环境色影响。（4）光面反射强，糙面反射弱。（5）了解光与色的自然规律是为了更好地主导画面，而不是被客观所左右。

7.色彩的冷暖：不同色相的颜色所能引起的人

们对颜色温度的心理感受称之为色彩的冷暖。黄、红为暖色系，蓝、绿为冷色系。同一系不同的黄、红、蓝也有不同的冷暖倾向。暖色有温暖、前进的感觉。冷色有寒冷、后退的感觉。

8.色调：作品中整体呈现的色彩结构、色彩倾向、色彩效果。色调的对比与统一：一般包括明度（高、中、低调）、纯度（鲜、灰调）、色性（冷、暖调）、色相（同类、临近、对比调）几个方面。

9.补色：在三原色轮中，两色相加即为第三色的补色，如红—绿，橙—紫。补色加强对比色。

二、颜色与色彩

颜色即颜料的色相为物理属性。色彩指色彩之间的视觉关系属视觉心理感觉。颜色丰富不等于色彩丰富，不一定要动用很多颜色。

第四节　专项技法

一、用色

1.沉淀（画板适度倾斜）：不易充分溶解的矿物颜料加入适度的水后，在水彩纸上可产生沉淀的特殊效果。

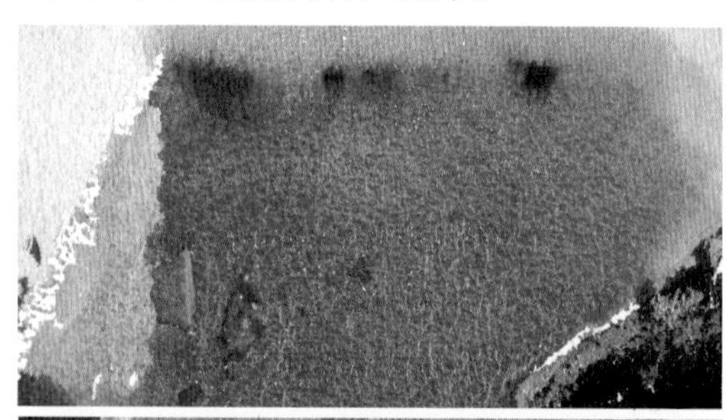

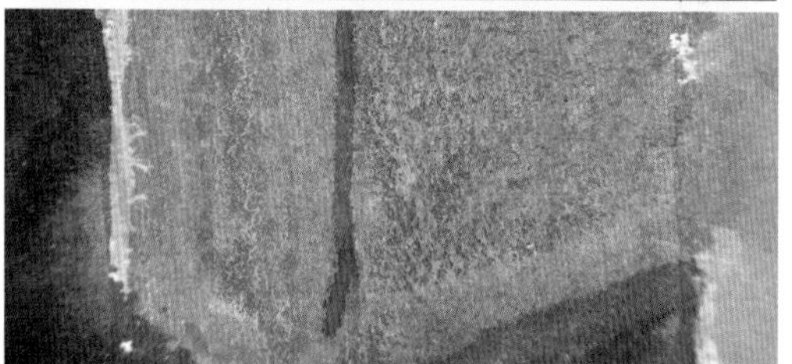

沉淀

2.渗透：两色加水后相接可产生渗透，植物类颜料细腻而活跃，渗透性强于矿物质颜料。浓度高向浓度低处渗透，高处向低处渗透。加入其他溶剂可改变渗透性状。

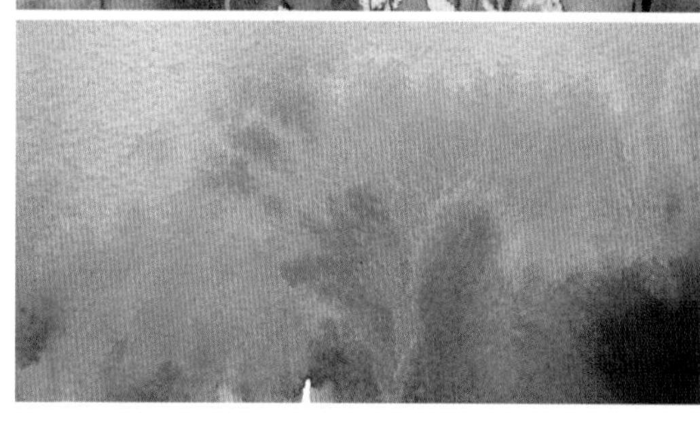

渗透

3.透叠：利用水彩的透明性，于第一层色干透后上第二层色，可叠加出第三色以达到与直接调色不同的效果。

透叠

4.罩色：透叠的一种，将颜色罩于基色之上。

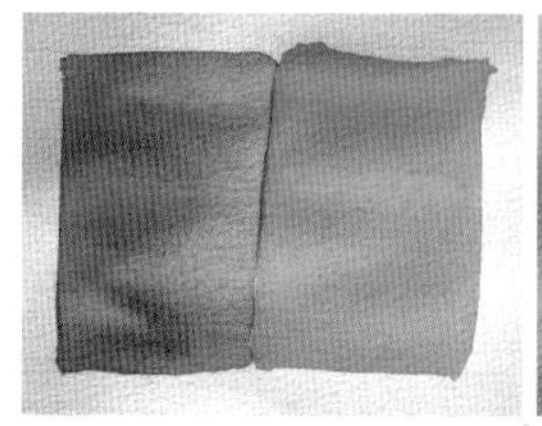

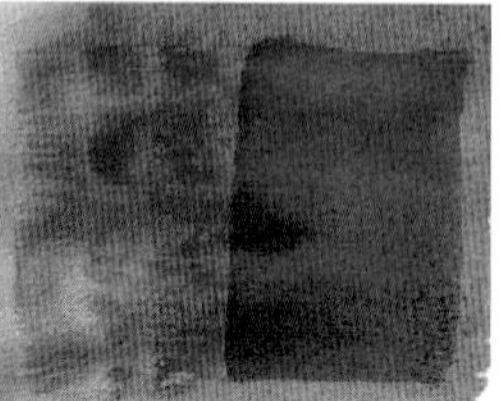

罩色

5.渲染：笔中水分充足，趁湿接色，依次用笔，连续接色，画出一色至另一色的自然过渡。

渲染

6.并置：色与另一色不相交，色彩可保持明确、鲜透、亮丽，光感强烈。

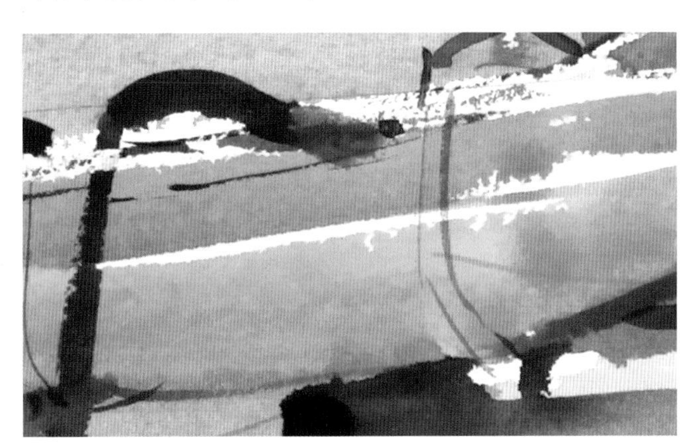

并置

7.泼色：将调好的色泼于纸上使之流动，或泼于未干的底色，使前后两种颜色产生泼色、破色的变化。

泼色

二、用水

1.流淌：让画板呈一定角度，使水色缓慢流动充分的融合，具有直接调色达不到之效果。

流淌

作者：丁寺钟　云外家山

2.喷水：水彩色在将干未干的时候有遇水即化的特性，利用此特性，适时喷水、洒水使之渗于底色，可产生天然奇趣。

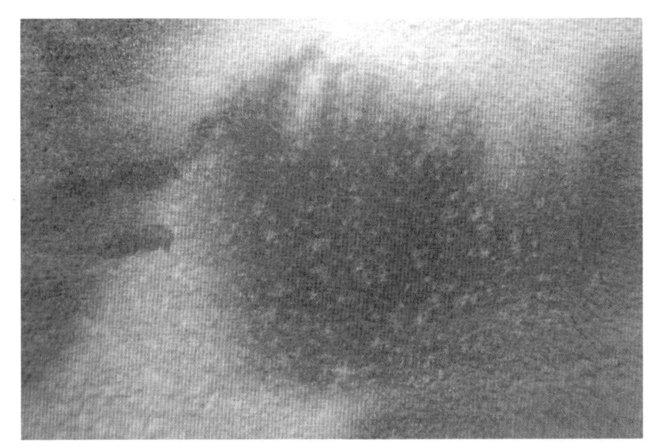

喷水

3.水洗：分洗净（将笔误之处洗净）、轻洗（洗去表层、产生微妙变化）、重洗（洗去主色，留有残色，再湿补、干补颜色）。

4.吸：趁颜色未干时，用吸水纸吸去颜色，吸色（水）法既是去除余色的补救方法，也是一种造型手段。

吸

5.湿接：先以清水湿润后接色。

湿接

三、刀法

水彩画中一般采用由淡到深逐步深入的作画步骤，加之追求笔意，往往胸有成竹在先，落笔无悔，这样深中求浅的“减法”就相对较难，除了水洗、留白胶、留白，刀刮是一个重要手段。刀刮法即是待纸面将干未干时刮出所需的造型和线条，具有笔触所达不到的效果。

刀法

四、笔法

用笔三法：

1.水色饱满：提笔有欲滴状，落纸面后呈饱溢流动状，会出现渗化等效果。

水色饱满

2.水色适度：提笔不会下滴。画笔落纸后无有余水色，稍等即干，适于平涂，画面色彩明快均匀，纯净简洁。

水色适度

3.干擦：为表现对象特殊的材质、肌理，可将笔中水分挤干，以干笔皴擦的方法作画，并可做多次叠加。

干擦

水彩画的用笔与中国画有异曲同工之妙。水彩画用笔不单是一个造型的概念，还是表情达意的重要手段，水彩画用笔变化丰富，点、线、面、扫、摆、皴擦、提、接、勾、勒皆成趣味。有时一笔下去便体现了形、色、透视、笔韵、平衡构图、作者修养等综合因素。

作者：平龙　雨季

第五节　基本画法

一、两种基本的画法

1. 干画法：指一色加在另一干透的纸（底色）上，与另一色并置、叠加（透叠），或干擦色与另一干底色上，色彩、造型、笔触明确。

作者：徐明慧
柬埔寨　西哈努克市

作者：郑重　吴哥窟

作者：毛树卫　老井

2.湿画法：指在湿纸底或未干的色彩上，趁湿完成色与色的相接、相加、重叠、融合。色彩、笔触柔和、润泽。

作者：陈忠藏　山西太原之晨

二、其他方法介绍

1.空色（留白）法主要有三种

预留：上蜡法，利用蜡的去水性，使水与纸隔离。方法是先涂蜡于纸面预留白底形处，待上色后仍能保留出形状。留白胶：一种液态的低度胶，挥发迅速。方法是将液态的留白胶（遮挡液）涂于预留处，待干后，适当时候轻搓纸面，小心揭起胶体。

作者：董克诚　爱沙尼亚的雪

此两种方法可在作画过程中反复使用，可达到层次丰富的效果。

飞白：飞白一词来自于中国画，因水彩纸的纸基特性，当行笔达到一定速度时会形成富有意趣的笔痕，一些形态的关系用飞白的方式空出会有笔意生动的效果。形成飞白，落笔需要果断肯定。

飞白

补白：当画面已完全干透，作品接近完成时，对细部的调整可采用刮纸表（水彩纸较厚，300克以上），即以刀代笔的方式刮出白点、白线等。

2.油渍法

将油性物质渗于水中，混于色中，运用或画或对印等手法，使之产生油、水不完全混合、天趣纷呈的效果。

油渍法

3.撒盐法

较常见的一种手法，将盐粒散落于未干的画面上，待干后会呈现雪花状的机理。此法缺点是春夏梅雨季节会反潮，应慎用。

撒盐法

4.媒介

在以水为主要调和剂的情况下，添加碱性液体、酒精等，能产生不同的渗化效果。

第六节　水彩画特点辑要

一、强化用水的概念

对透明水彩而言，一定要加强用水概念，水彩画独特魅力所在，用水是关键。水不仅是颜色的调和剂，也是其艺术感染力的催化剂。在不透明水彩中，提高色彩的明度往往靠白色来调节，而在透明水彩中，主要靠水，善于用水，使一个单一的颜色丰富起来，使一个看似"脏"的颜色纯净起来。在水彩画中，饱和度往往和含水的饱和量联系起来，利用不同的饱和度可以在湿底上很好地完成对形的控制。

二、时间概念

在艺术诸类型中，与时间相关的艺术形式很多，如音乐、舞蹈、书法、写意中国画等。水是一个动态的概念，水的存在是固、液、气三态不断转化的过程。水彩画的完成过程只择取了其中的一个瞬间。因此，水彩画由于水的因素是个紧扣时间作画的过程。其中形与形的衔接，色彩的跳跃与融合，干湿控制，都与对时间（时机）的控制紧密相关。

三、成竹在胸

透明水彩可塑性强，可逆性差，修改的余地小，故一个优秀的水彩画家，要建立"运筹大局"的意识，要意在笔先，善于把艺术创造的冲动转化为具体的作画步骤。当然，成竹在胸是总的概念，作画过程中还应保持激情和对灵感地捕捉与把握，寻找偶然与必然的结合点。

四、停笔点

当画幅较大，以湿画法为主作画时，如一时难以顾及周到，可选择适当地方作为停笔点，以便控制局部。

第三章

学习建筑水彩的基本准备

第一节　绘画透视

透视学是一门技法科学，有很强的系统性、逻辑性。透视学也可以说是研究景物如何在画面纵深关系中产生消灭变化的一门科学。关于透视的学习和研究是一个系统学科。以下介绍的是与绘画相关的一些透视基本原理及其应用。

透视三要素：视点、画面、对象。

一、基本名词

1.焦点透视：以固定视点，视向对固定视域内的景物进行观察时，把人的眼睛（视点）作为投影中心。

2.散点透视：不受固定视点、视向、视域限制的透视方式，都可属于散点透视。

3.纵深：由近及远，由大到小消失。

4.视点：眼睛的位置。

5.视向：观看的方向。

6.视高：眼睛的高度与地平线距离。

7.视距：视点到主点的距离。

8.视域：观看的范围角度。

9.视角：理论视域的角度。

10.视平线：平视时与视点等高与地平线相重叠。非平视时与地平线不重叠。

11.地平线：天与地的交界线，与视点等高。

12.灭点：又称消失点，是两个以上相平行的景物（线）关系在纵深的交点。灭点是交点，但交点不一定是灭点。

13.平行透视：又称主点透视，一点透视。视平线与地平线重叠。

14.成角透视：又称两点透视。景物的纵深关系消失于两侧消失点（灭点）。

15.仰角透视：非平视的一种，视平线在地平线上方。

16.俯视：非平视的一种。视平线在地平线下面。

17.主点：灭点中最中央的一个。

18.余点：主点以外所有的灭点。

19.基面：景物的承载面，地面、桌面等。

20.鸟瞰：从高空俯视地面上的人和景。

二、透视方式

1.一点透视

作者：Thomas Schaller　Proposed Stage Ser

作者：KPF事务所　美国华盛顿三方联邦竞赛方案

2.两点透视

作者：T.W.Schaller 英国 Windon 城堡细部

3.三点透视

作者：陈伟中

第二节 艺术与建筑构图

建筑是人类生存的需要，承载着人类文明进步的印迹，建筑是凝固的音乐，不同时代的建筑体现着科学技术的进步。不同的地区，不同的气候，不同的生存条件产生了不同材质、功能、营造方式的建筑，不同的宗教、习俗、文化背景使得建筑有了不同的样式、风格。因此，了解历史，解读文化是画好建筑水彩的知识储备。同时观察、研究不同地区的不同建筑构造特点也是画好建筑水彩必要的专业准备。

一、把握建筑基本特征的方法

1.式样：传统建筑有一定风格、样式的文脉。

2.比例：比例关乎于建筑的所有范围。大的有建筑群之间，建筑与建筑之间，建筑与人物环境之间，小至门窗比例。

3.结构：不同建筑有着其不同的结构特征。

4.细节：传递着精神文化的符号特征。

作者：Samuel Chamberlain 法国 Senlis 一条街

作者：王金成　保加利亚郊外

作者：Bowland Hilder　英国达勒姆

作者：Bowland Hilder　英国 Corfe 城堡

作者：Bowland Hilder　英国Flatford 桥

作者：Gemma Goday Baylina　巴特罗别墅立面图

中国工商银行
中国工商银行大连市分行友好广场支行行址，原系汇丰银行大连分行所在地。是一座英式的历史建筑，展示了许多经典的建筑语言。
安朴写于辛卯夏日

作者：张安扑

中国工商银行上海分行营业部大楼位于上海外滩中山路二十四号。
这座始建于一九二〇年的石混钢结构大厦，最初是日本横滨正金银行行址。大堂气宇不凡，弧形金色穹顶，极具建筑艺术魅力。
安朴写于辛卯夏日

作者：张安扑

作者：约翰·雅德理　瓦莱塔中午的阳光

作者：瓦西里·波强索夫　雨后

作者：石增琇　婺源街巷

作者：赵云龙　威尼斯之二

二、构图的方法

构图：即经营位置。构图的方法有一定规律，但构图更是修养、灵感、风格的综合体现。构图过程包括：选景、取景、提炼、取舍、组合、重构、调整。

主要构图规律：

1.井字构图原则。

2.三角形规律。

3.1/2平均分回避原则。

4.骨骼线。

5.黑白灰架构。

6.骨骼线规整概括原则。

7.方向性。

8.构图心理、平远、近迫。

9.趣味中心。

10.低视平线构图：视点贴近地平线。

11.中视平线构图：日常生活中常态的视觉效果。

12.高视平线构图：视平线高于视点，场面开阔，产生深远的感觉。

13.仰视构图：强化透视在高矗之感。

14.俯视构图：有不稳定感，压缩高度。

15.金角银边：有形为图，无形为底，图为正形，底为副形。当用底图转换的方式看画，底即为画面的重要部分。

第三节　艺术手法

第二章我们对建筑水彩的材料及技法做了一定的介绍，对初学者而言好比一个士兵对武器和战术手段有了一定的了解，但这仅仅还只是第一步，战斗的取胜之道除了士兵的单兵素质外还离不开指挥者运筹帷幄的大局把控和战机捕捉，在作画中，运筹帷幄即为谋篇布局，战机捕捉即为抓住灵感，因为绘画过程是一个动态的过程，场景、表现对象、立意都不尽相同，这就要求我们了解其中创作的基本规律，建立艺术的认识论和方法论，并逐步在以后的艺术实践中丰富完善，最后勇于突破。此谓之从无法到有法，再从有法到无法，艺术创造的至高境界为无法之法的自由王国。

水彩画在画面经营过程中，除了可运用的外在技术手段外，最重要的是存于画家内心的艺术手法，这是一门运用与创造的学问。学习运用是为了更好地创造。现将如何安排画面，综合调动画面基本因素归纳如下：

1.构图

建立四边框架的概念；四边之内计白当黑，惜墨如金，即对方寸之内的分割安排做到高度敏感，三思推敲。

构图既是最初的落笔，也是谋定而动的结果，是决胜在先的第一步。

2.对比统一

是应用最为常见的艺术方式。可引申为色彩、线条、黑白灰等，疏与密、松与紧、整体与局部、局部与局部、处处存在着这种对比与转化。

（1）形状对比

（2）明暗对比

（3）虚实对比

（4）动静对比

（5）肌理对比

（6）线面对比

3.形式的呼应

单一与过渡的变化都不能形成很好的画面，适度的变化、主题形态的反复与呼应可使画面效果得以强化。

4.节奏与韵律

5.写创结合

水彩画用色和肌理变化基本上是在一个色平面上进行的，色彩运用上其厚度变化甚微少。所以我们在选景和处理画面时要注意黑、白、灰关系的互衬、穿插、对比与平衡。

作者：周崇涨　宣城小景

作者：李立勋　洱海泣颤

作者：沈平　藏区小街

作者：杨斌
长征路　江西之一

作者：刘亚平
老城之三

作者：黄幸梅　水墨宏村

作者：李利民　上海的老街

第四节　色彩的地域特点

1. 习惯色：指一个人的习惯用色。

习惯用色也有其两面性：（1）风格的独特性。（2）表现的贫乏性。

其实每个作者都有自己的习惯用色。习惯用色从某种方面讲是一个优秀画家的一个特质，但是切勿将习惯用色理解成习惯性用色，更不能形成习惯性思维。

2. 自然之变：大自然变化万千，充满着差异性。

3. 人文之异：建筑是人类的物质创造，离不开人文的依托。我们生存之地球是个多文化、多种族、多宗教共存的世界，因而所呈现出来的也是一个奇趣无比的世界，感受生活，为之感动是一个艺术家所必须具备并努力践行的不可缺少的重要环节。

作者：王金成　尼泊尔旧皇宫

作者：保罗·杰克逊　风景之三

第四章

建筑水彩基础练习

第一节　基础练习

一、笔法练习

二、色彩练习

1.单色练习，掌握作画程序，在对笔、纸、调色的熟悉过程中，建立感性认识。

作者：平龙
公社食堂

作者：平龙
秋寒

2. 调性练习

作者：平龙　堆杂物的后院

作者：平龙　小亭绿浓

三、小幅作品练习

第二节　局部、单体练习

一、建筑局部

建筑除了要注意空间结构关系外，其局部细节结构往往体现着建筑体的个性风格、样式、地域特点。抓住结构，不忘整体是形成作品的关键。

作者：沈平　山西会馆

作者：平龙　老仓库

作者：李意淳　庐山下的民居

作者：赵云龙　婺源印象之二

作者：奥迪　拴马桩

作者：蒋智南　西班牙风情三

作者：蒋智南　西班牙风情

作者：陈希旦　德国小镇

作者：沈平　上海弄堂二

二、植物

植物是风景画创作的一个重要环节，在作品中既是季节的化身，又是地域的鲜明载体，同时在画面中还起着对比平衡的作用，平衡着建筑体的虚实关系。

植物类型一

植物类型二

植物类型三

三、人物

以建筑为主体的作品，虽人物不占主要因素，但恰当的人物表现能增强画面气氛，使得静态的画面立刻生动起来。

作者：阿列山德罗·安祖佑切蒂　街上人群

作者：龚玉　阆中集市

作者：大卫·泰勒　阿马尔菲海岸的人群

作者：约翰·雅德里　街景

四、车辆

车辆是城市建筑表现不可回避的因素。车辆是个移动体，位置的选择非常重要。同时现代车辆是富有设计感的工业产品，表现车辆时应注意其时代特点。

作者：陈希旦　法国夏日

第三节　空间场景练习

一、远景练习

因远景会压缩色彩层次与细节，注意点集中于天、地、景的三大色块关系上，感受色彩的空间透视变化，从远景入手，逐步过渡到中景、近景。这类作品不一定求大，但求有所得：光色的微妙关系变化。即对不同季节、不同光线下的色彩组合，色彩空间及透视变化等做深入的研究。初学者重点是要学会将丰富的景物转化为画面的色彩关系，同时学会化复杂为简单，在简化中构建组织画面关系。

作者：赵志强

作者：赵志强

二、中景练习

在远景作业练习掌握三大色块的基础上，加入中景景物的内容练习，增强把握细部与整体的表现能力。画中远景和中景，除了需保持远景作业的基本要素外，还必须对一定视距内的景物作适度的表现，寻求整体和局部的完美结合。

作者：高东方　碛口山村

三、近景练习

近景需在统筹画面整体的基础上谋求局部细节的深入刻画。在做一定的远景、中景练习后，可开始近景练习。近景视距近，对象清晰，近景也是建筑水彩表现的一个重点。所以平衡局部与整体，既深入刻画细节又不失整体的完整统一成为表现的一个重点、难点。当然，考虑造型因素的同时，还需协调形式、趣味等表达形式。

作者：沈平

作者：沈平

第四节 整体概括

整体是绘画学习过程中始终强调的一个原则，局部是整体的一部分，局部间相互关联，局部服从整体。在具体作画过程中，整体既是画面效果的最终要求，更是成竹于胸、统揽全局的作画意识。水彩画中有一些局部往往是一次完成，不宜作反复修改，因此水彩画作者一定要有好的整体大局观。

概括是当主题确立，主调确定后，一些次要的造型与色彩必须进行必要的删减、提炼，以达到整体统一。如不分主次处处仔细，必然处处被动，在纷乱中失去主体，使画面失去打动人的精彩之处。

作者：蒋智南 街

作者：张英洪 东方

作者：赵志强　朱家角

作者：张英洪　古民居

第五节　着色基本步骤

步骤一：先浅后深的原则。因水彩画的色彩呈现是靠水彩纸底本身的反衬而形成的，色彩可以多次叠加，但一般不作不透明覆盖。所以作水彩一般先从浅色入手，依画面的深浅变化而逐步加深。（但有些时候不能完全如此：1.需要某部分颜色先干时，应先行着色。2.局部的深色、纯色要尽量一次性给充分）

步骤二：先下后上的原则。水彩画作画时（主要指湿画法），画板应注意控制成一定的倾斜角度，上色时一般先画画面的上半部分，然后再逐步往下面画，此时水分自上而下流淌，接色接笔自然。

步骤三：先远后近原则。如以下图为例，可以理解为先画天空，再画远山、远树，接着画建筑，中、近景部分，配景小品等。这样便于控制大关系。当然当技法掌握到一定的时候，可以打破一般的上色步骤。

步骤四：先易后难原则。水彩画不但要表现对象的结构、形态、色彩，还要兼顾这些要素的表达语言。

步骤一

步骤二

步骤三

步骤四

作者：平龙　水彩速写

例一

此景为庐山一普通民宅。在构图时弱化了中间的球形大树，去除了灯、线等不必要的杂物，保留了主景的黑、白、灰关系。提亮了地面的明度，以取得与墙面白色的呼应。

实景照片

步骤一

步骤二

步骤三

步骤四

作者：平龙　山道故居

例二

这是一幅几乎成仰角的构图，作画点选在一处坡地石阶一角。建筑风格不明显，除了远处的自行搭建的坡屋面尚有特点外，其他与一般城市公房无异。作品中主要强调的是向下、向上的强烈透视线，从而形成夹角之势，以势夺人。其次，作画这天庐山上雨雾袭人，幽静湿润气氛特征表现也是此作的重点。

实景照片

步骤一

步骤二

步骤三

步骤四

步骤五

步骤六　　作者：平龙　坡道

第五章

建筑水彩写生

建筑是水彩表现的一个重要题材，产生过无数优秀佳作。建筑是人类物质财富的重要体现，传承着人类历史发展的文脉，是人类精神文化的重要载体。

第一节　写生摘要

因水彩画作画的时间因素，室外（包括部分室内）建筑水彩写生除了要选择合适的地点、角度，最佳的作画位置也很重要。位置选择不但是构图取景的需要，也是使作画顺利的必要条件。

1.选择道路稍宽处，或道路死角处，以避免在开画关键处不期而至的人、车、畜流。

2.避免强光直射，晴好天气阳光强烈，直射的强光易产生视觉疲劳，并产生情绪焦躁。

3.避开飞速快疾的风口，风速过快易吹开画面，易起尘沙，影响作画。

4.南方雨季，要考虑天气的突变因素，选景时考虑到避雨或临时避雨的条件。

5.水是动态的，在水岸边作画时要注意潮水变化，作画位置要留有余地，以免专心作画时被潮水浸漫。

6.自备雨（阳）伞、写生椅。

第二节　小幅水彩写生

改革开放后的三十年，中国水彩得以飞速发展，质与量都创造了新的历史，其中尺幅也由小到大。老一辈水彩画家其作品的尺幅一般为4开左右或更小，少有对开。而当下的水彩画展中作品尺幅常见整开，而且尺幅日益增大。但笔者以为大有大的气势，小有小的精微。对初学水彩者而言，多画小幅水彩不失为研究学习水彩的好方法。

前辈画家当年以小幅画作抓瞬间的作画习惯在当下仍有着现实意义，那种即刻捕捉心灵悸动的神来之笔是任何相机都无法替代的。

先从小幅水彩入手其作用主要有：

1. 小幅作品尺幅小，较容易控制画面。

2. 迫使作画时学会高度提炼，概括对象。

3. 作画时间相对短，可以捕捉生动的场景、变化的光色和闪现的灵感。

4. 有选择地做一些局部单体的研究。

5. 边记录同时做构思、联想。

作者：吴珉权　慈善寺

作者：高东方　南泥湾

作者：平龙

作者：冯信群　老宅院

作者：刘亚平　老街二

第三节　写生与创作

一、写生是习作吗

应该说在绘画学习过程中有几个阶段是必须经历的，其中写生是不可忽略的一个重要阶段。通过写生可解决。

1.提高观察的细腻度，除去微观和超视距。常态情况下，任何高级的相机都不如人眼的观察力，而最最紧要的是通过观察后所引发的内心感受。

2.眼、手的协调联动。观察和表达是人体的两个系统。自然的观察力和表达力是不同步的，常常的眼高手低就是这个道理。相反的手高眼低也同样不妙。所以眼手互动、同步发展体现在绘画的整个过程，是实现绘画表现不断提升的有效手段。

3.建筑是物质产物，也是精神载体。建筑水彩写生更是一个很好的学习过程。

所谓习作是指作者为了某一目标而作的实验作品。具有研究性、试验性。所以习作并不是学习时段的专有概念，也不是学生阶段的专称，只不过学生阶段的作品习作特征较强。成熟的画家在不同阶段也会作许多探索性、实验性习作。

二、写生可以是创作吗

1.创作可分为广义的创作和狭义的创作。广义的创作可以把艺术家正式的作品都归为创作。如毕加索、齐白石的作品无法分别创作与非创作。狭义的创作一般指为某特定的主题而作的专题作品。尤其是某主题并非作者熟悉的，故一般在动笔前需围绕主题中心作许多准备，包括许多前期研究性习作、写生等。

2.就当代而言，绘画方法已无禁区，一切以遵循艺术创作自身规律的方式进行。

故而写生可以是习作，也可以是创作。问题的关键不是看写生的形式，而是写生作品的最终结果。

三、看与画

写生中与其说如何画，不如说如何看、如何想。我想应该将三者结合，才能画出一幅好画，而其中的看是视觉艺术关系重要一环，看什么（选择），如何看（观念），怎么看与怎么想有关。

兵法曰：兵无常法，水无常形。兵法如此，艺术也如此。

作者：张晓霞　街景速写

作者：约翰·雅德里

作者：平龙　小幅速写练习

作者：平龙　小幅速写练习

第四节　名家作品欣赏

作者：张英洪　岁月

作者：黄铁山　樟脚村

作者：王维新　江南渔村

作者：刘寿祥　残阳

作者：刘亚平　石城秋色

作者：奥迪　米脂行宫

作者：周刚
山东农家封疆

作者：杨健
悉尼的街头

作者：陈希旦　巴黎街景

作者：丁寺钟　书香门第（墙）

作者：冯信群　美陂的老房子

作者：阿尔瓦诺·卡斯泰格奈特　俯视

作者：约翰·赛尔·柯特曼　卢昂街景

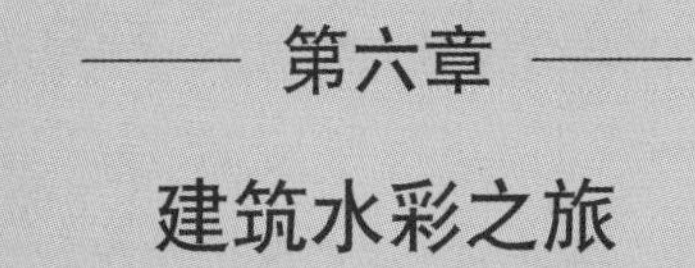

第六章

建筑水彩之旅

第一节　国内建筑

因水彩画画完即干便于存放，水彩画作画工具轻便易带，使得水彩写生成为极富特色的作画方式。水彩写生可中可西，可工可写，可以说如运用得当，水彩兼具了中西二大作画体系，中国水彩画家大可游刃于中西方诸艺术形式之间，画出别具一格的水彩佳作。

从事水彩画研创的几十年里，我行走于国内东西南北之间，体味自然人文的异趣，从建筑环境中体会百姓的生存智慧，感受先人，解读当下，发之于内心，绘之于笔端。

中国是多民族的国家，地大物博，山川秀丽。各地区，各民族在适应自然环境的同时，创造出了多样化的生活方式并将这种生活方式体现于各自的建筑样式中形成了具有区域特点的人文环境。

以下作品作于国内不同地区。

一、闽南建筑

作者：平龙　山外山

作者：平龙　闽南山居

二、皖南建筑

作者：平龙　清城清风

作者：平龙　夕阳掠过

三、云南建筑

作者：平龙　滇红一

作者：平龙　滇红二

作者：平龙　后院

作者：平龙　云南山居一

作者：平龙　云南山居二

四、新疆建筑

高台民居

曾读吴冠中先生的短文《水乡四镇》，那是很惹画家喜爱的四个小镇：柯桥、乌镇、角直、朱家角，文中以充满情感的笔调道出了小镇之美。

小镇之美，美就美在顺应自然，美就美在依水而筑、凭水而居。

当年的小镇，人们是居住者，也是建设者。小镇伴随着人们的生活而动态发展，经意不经意间创造出了许多视觉经典。

如果说水乡四镇是水的馈赠，那么，高台民居则是风沙蚀刻的雕塑。喀什政府在城市面貌发生着日新月异的变化的时候，没有忘记珍藏一段历史的珍贵片段——高台民居（阔孜其亚贝希）。

城市是集约化生活的产物，许多生产生活要素经统一的专项设计及建设使得生活更为便利，体现出人类社会的文明与进步。在此前提下，开始了对城市的再建设改造，"自然生长"的城市自然终结了。三十年来，这种变化是巨大的。但是对于不同文化背景下的千年之城的建设而言，改造不单是一个更新"硬件"的问题，它关联到文化传承、文化载体、宗教伦理等诸多问题。此时物质和精神、"硬件"与"软件"之间的轻重取舍，需要的不单是专业技术，更需要有文化的解读力和对民族历史负责的责任心去平衡。高台民居是幸运的，喀什收藏了它，我想这份收藏会随着时间的推移越发珍贵。

高台民居挺立数百年，风骨犹存。高出周边数十米的古建筑群，突兀矗立，一侧的吐曼河水映出古城的轮廓，古老的建筑群层层叠叠，以超乎想象的方式搭接在一起，形成特殊的形式语言。此情此景，我想若吴冠中先生仙游至此，兴许就有了绘画佳作《高昌遗址》的下篇，或续了《水乡四镇》在西域他乡的异曲。

作者：平龙　高台民居一

作者：平龙　高台民居二

作者：平龙　高台民居三

五、四川建筑

作者：平龙　蜀中行　汶川

川中记事

“5·12”之后，我参加了多处援灾的捐赠活动，但这次近距离地感受灾区震后的点点滴滴，以艺术直面生活，这对我来说不仅是第一次，也是全新的命题。

眼前的北川，放眼望去，已成一片瓦砾，山石泥沙汇成的泥石流淤塞掩埋屋舍街道；在映秀，满眼是被震得东倒西歪的建筑；在二河口，更是山崩地裂，将整座山村埋在了67米深的地下……

此情此景，如此巨大的反差，迫使我要用不同视角来捕捉画面，找到表现的立意点。其实，对于现实主题类绘画，我们这一代人并不陌生，但在图文声像传播发达的今天，我不能单纯地以图说文，图解主题。尤其是水彩画，其绘画特质更需要找到一个内与外、形式与内容相统一的结合点。

在灾区的日子我不断尝试去表达、捕捉来自生活的感动，凝结在画室中无法闪现的灵感，化叙事为寄情，变状物为拟人，将那些无序的景物赋予内在的情感联系。回看这批作品，画面基调深沉而凝重，低吟浅唱般的行笔节奏将思绪由画里引向画外。

作者：平龙　蜀中行　都江堰

六、庐山建筑

1.半山居

几十年的风雨沧桑，早已是“换了人间”，庐山不再是当年达官显贵的消遣胜地，如今的庐山悄然演变成一座山中之城，山上的牯岭街衣食住行俱全，是一个微缩的城市。

山上那些风景绝佳处大都为当年生世显赫的老别墅，它们是中国近代社会历史变迁的见证。但更多的庐山老宅正渐渐从显赫走向生活，从贵族走向平民。牯岭街以南那成片的山居正随着时光的流逝逐渐构建起如今的庐山新景，每当夜幕降临，山下一片灯海。

半山居——普通而典型的现代版庐山人居图，它是今天相当部分庐山人的生活写照，平淡、勤俭，与清风、雨雾为伴。作画这天不时清雾袭来，遮蔽了琐碎，是一幅典型的半山人居图。

2.门前屋后

作画时我有两个体会：

（1）画建筑一方面要看单体的结构美，更重要的是要观察其中的整体美。此作从单体看可以说毫不起眼，极易被忽略，但结合光线投影，整体地看就不同了。所以发现身边平常之景，以艺术家不同的视角审视提炼非常重要。

（2）热烈中透含蓄，庐山充满着水意墨韵，用色有其明显的特色。

3.铁皮屋

上庐山，会在老远就看见一片片红色、蓝色的铁皮屋顶，此景已成了庐山建筑的一大特色。

在庐山，可不能小看这初看显得简陋的白铁皮屋顶。庐山相对高度在1200～1400米，主峰汉阳峰海拔1474米，山上春迟、夏短、秋早、冬长，冬天常有冰冻积雪，只有铁皮屋顶能经久抗寒。但铁皮屋那艳粉红色却很难入色调，如春夏作画，为协调画面，可在粉红色、天蓝色中加入褐红、赭石、土黄，减降色彩纯度，可取沉稳典雅的效果。从作画的时令看，秋冬之后更为入画，更易取得画面的协调。

4.雪痕

此处为牯岭街下街沿一侧，每当夏季上山避暑的客人很多，从早到晚络绎不绝，买客、食客不断。到了夜里，这里更是吃夜宵的好地方，若在此时你是怎么也无法与《雪痕》一作合而为一的。季节的更替为山景更换着新装，如果说此景在夏季好比是一位可人的邻家女孩，那么，在冬季就转身为银装的闺秀。几番上庐山我都惊叹这反差极大的渐变和跨越，每每给人以陌生的新鲜。

2008年的那一场大雪成为南方百年未遇的特大雪灾，庐山也不例外，2月19日我踏上了上山之路。

上山的路充满惊险，雪崩树断，车在深雪中前行，一路上危机重重。下午4点到达下榻处，我住的房间窗外即是一幅很好的雪雾图。第一次身处雪景中，顿生出无数笔情墨意，天寒地冻，造就了别样风景，画了《雪痕》等，感谢庐山。

作者：平龙　雪痕

作者：平龙
半山居

作者：平龙
门前屋后

作者：平龙　铁皮屋

作者：平龙　红屋顶

作者：平龙　山中秀

作者：平龙　晓庐秋舍

七、三江建筑

三江位于湘、黔、桂三省的交界处。大山深处，地处偏远。在画三江作品之先，我思考两个问题。以色彩变化见长的水彩技法在表现中国某些题材（传统古建筑、民居）时出现两个倾向的问题：1.忠实于对象。虽然在作画时倾尽全力却仍难免灰、暗、旧、脏的古旧感，仿佛尘封多年的某家旧作。2.夸大丰富色彩关系，片面追求有“颜色”，这种表面化的处理方式，似以国人之身贴西人须眉，貌似有颜色，实则虚假做作。

初到三江，踱步街巷阡陌，我发现这里的建筑分布特别随“形”，依山循水，逢高就低，不一而同，建筑构筑方式为杆栏式建筑，基本单元类似，但搭建自然，富于变化，简单实用，生活气息浓郁。漫步其间，以木结构为主的建筑群落，其高低错落、疏密变化常出人意料，精彩处仿佛乐音流转，有“线”的联想。在三江作画的一组作品中，我将画幅的重点放在气氛与笔墨书写的过程中。

中国水墨意识是中国哲学、美学观的体现，中国的自然物貌为之提供了素材，所谓师造化，这些都是我们宝贵的艺术养料。对于中国水彩而言，融入借鉴中华民族的文化高度探索水彩、水墨、色墨其间的微妙变化，探索中国水彩独到的艺术价值，我认为是极具意义的。

作者：平龙　三江寨
作画时已是薄暮时分，日落西山，余晖漫照，空蒙的暮色与物景的深浊色咬合在一起，有意无意间体现了中国文化特有的水墨意识。

作者：平龙　三江寨

水彩艺术与中国水墨的水性近缘，使我很自然地喜欢将中国传统人文精神、艺术哲学观糅合进来，其构成的水彩画可以达到自我精神的释放，将水彩艺术融于中华大艺术的格局，让这一水性的纸上艺术在中国文化的沃土上根植。

气韵生动，这个"动"字很关键，无动不行气，无动不生韵，大自然无时不变，社会人文思潮因时而变。我觉得，人生不断有新体验，作画时，人的情绪在时间的流逝中变化着。

中国的文化精英一直把作品的精神品格放在第一位，注重作品所传递的过程本身和显现出的纯粹气息。中国人同时创造了用毛笔和宣纸这一最能感应作者内心的工具来表达。

第二节　国外建筑

一、尼泊尔建筑

作为中国的艺术人是有幸的，中国地域辽阔江山如画，中国历史悠久文化荟萃，哲学，文学，艺术都形成了完整的体系，我们以熟知与习惯的方式观察周围的世界；用形成体系的审美方式判断表现艺术，收获着成果。但艺术除了继承传承之外更需要不断地融合发展，故感受不同文化及其形态给予作品创作以新的启示是非常必要的。作为当代的艺术人走出国门，到远方的不同国度去看看，看看不同的国家，不同的宗教，不同的文化，不同的建筑古今文脉的变迁是非常有益的。

作者：平龙　城中小馆一

作者：平龙　城中小馆二

1.初识加德满都

地域不同，每个城市都有其“性格”，不同的城市之间存在着个性差异。来到尼泊尔这样一个陌生的国度，以固有的画法应对精神依托、生活习俗、建筑物貌全然不同的景致，令我感到既不适又惊喜，尼泊尔之行将面临许多新命题。

这里寺塔林立，巷道婉转。抬头仰望，自然“生长”的连片建筑随意分割了天空剩余的空白。登高远望，成片的房屋由密渐疏向城外的河滩、草地、林间散落开去。这里感受不到城市规划、建筑设计的痕迹，这与习惯了宏观控制、整体开发思路的我们形成了强烈的反差。放低视线，那满街充满张力的广告牌给人留下了很深的印象，这里的平面广告以大幅的摄影加以醒目的文字构成了尼泊尔的街头广告强烈、易读的特点。收缩视角，再看脚下，首都中心区还存有大量砺石素土的路面，车辆过处尘土满街。

尼泊尔是内陆国，三面被印度环抱，北与中国接壤，68%是山地，无水运、铁路，靠空运和与印度连接的公路与外界相连。从表面上看整个国家的公共秩序处于一种无序状态，人、车、畜满街自由行，烟、尘、土到处飞扬，但透过这些无序的表面，我还发现了尼泊尔人心灵深处的有序的一面，发现他们眼中少有的平和、安详。

尼泊尔是个宗教国家。在这里，宗教是他们生活的一部分，是他们的内心需求。或许是受宗教的影响，这里人们的价值观、生死观都有其自身的方式和取向，而绝非可以用我们习惯的眼光来审视。

我们一行人从城市到乡村静心作画，体会渗透在大街小巷中的历史、人文气息。画画，走走，看看，行程几百公里，曾和无数双眼睛相遇对接，至今每每回忆于此，把一双双眼睛和本色的表情印成记忆的图片，一张张连接起来，我都会有某种感动，那种平和、温暖的眼神强烈地触动着我。作为还处于需要发展的国家行列的尼泊尔，应该说其国家与人民所面临的问题很多，但是这里却少见那种紧张、焦虑、不安、怀疑的眼神。我想，秩序的新解应该除了“硬性”的秩序（社会公共秩序）外，应还有一种植于内心的秩序吧！

作者：平龙　神之国度

作者：平龙　高原之城

2.村镇深处

在尼泊尔，南部平原部分只占国土面积的百分之二十八，佛祖释迦牟尼的诞生地就位于南部的兰毗尼，那是一片热浪蒸腾的地方，再向南去，那面就是印度了。跟中国的概念不同的是南部的平原并非富庶之地，炎热、高温和历史原因，使得这一地区看不到像样的市镇。人、动物为躲避热焰的熏烤大多藏进了树荫里，或躺，或卧，他们用平静的心抵挡着袭来的热浪。

当地时间5月26日中午时分，我们一行来到了雪山小城博克拉，这里是主要的旅游城市，位于加德满都以西约200公里。该市北面有终年积雪的鱼尾峰，西侧有天然的费瓦湖。

看得出博克拉是一座在外来旅游者、登山者中知名度很高的小城，小城约有十万人口，城中没有什么高大建筑，但贩售物品相当专业化和国际化，随处可见各种肤色的游人。

尼泊尔土地私有，这里的居住形态和生活形态是由地貌环境决定、由时间来打造。看不出刻意的规划。幸运的是这里的民居环境是在自身繁衍生息的轨迹内动态发展变化着，就像一棵年久的老树，每年都还发着新枝新叶，为叶家族新添子民，和谐而充满生机。

另一处小镇叫Bandpuar，是一座真正建在山顶上的小城，车盘旋行驶了好几个小时才到达。中国的民居大都依水而建，背山朝南，而这里却是登临山顶才显出别样风景。从外围看，这里完全是普通的农庄，庄稼、小路、泥墙、棚架……只是觉得挺干净，一切收拾的简单有序。我们到时恰是落日时分，通红的斜阳投射在带有肌理的墙面上，后面衬以纯净的蓝天煞是好看，但真正让我感叹的是在步入小镇之后。小镇虽不大，但其建筑的风格、街道的格局却是规划有序，建筑的样式风格协调统一，木雕刻细节都做得非常精致，每家每户的窗台上栽满花草。

作者：平龙
阳光小城

作者：平龙　加德满都街头

作者：平龙　广场

作者：平龙　异域斜阳

作者：平龙 巷暮

作者：平龙　午后街市

作者：平龙　博克拉小镇

作者：平龙　晨光

作者：平龙　印度庙

作者：平龙　庙街

作者：平龙

作者：平龙

二、柬埔寨建筑

七色金边

金边是柬埔寨首都的中文名字，其发音与中文字义毫无关系，但对我而言，对柬埔寨的过往记忆却时常与金边有着自然的形象化的联想。印象中，金边是夕阳勾勒出的那些庙宇的轮廓，金边是灿烂花朵，是街巷集市中高棉族人的绣衣……初到金边第一感觉是“亮”，强光下弥漫的热浪，耀眼的光芒是我长期身处的江南无法体验的。其二是“艳”，各类植物与服饰环境无处不在的对比色，强烈地刺激着我的眼睛，我们习惯于自上而下的光线，却不习惯于左右及自下而上的光线，四面而来的光直射眼底，叫人睁不开眼。我们习惯于中式的含蓄、俄式的深沉、法式的优雅，对金边扑面而来的炙热却不太习惯。出国写生常会碰到这样的挑战，挑战着我们的作画惰性、惯性，审美意识的冲突，作画手法的局限，挑战着对自然环境气候无法应对的窘境。但是艺术往往是在痛苦中摸索，在绝望中突破，在突破的过程中享受收获艺术快乐的过程！在昨天的基础上收获今天，期待明天。

通过柬埔寨写生的系列作品，笔者体会：

1.增强对比不一定是强化明暗。

2.光线越强，光的漫反射越强，环境光对景物之间的反射影响越大，色彩的相互影响越大。

3.增加留白可加强光的闪烁感。

4.肯定清晰的笔触运用对物体有很好的表现力。

作者：平龙　柬埔寨王宫

作者：平龙　缤纷亚热带

作者：平龙　再见夕阳

作者：平龙　檐下

作者：平龙　吴哥浅唱

作者：平龙　市井街头

三、巴厘岛建筑

巴厘椰风

在建筑水彩写生中有三点非常重要：1.尊重对象，写创结合。建筑体有其自身体量结构规律，其个体对象的组合及周围环境的关系并不一定完全尽如画意，要将构成画面的物与景作适当的艺术处理，有时还可能需要做较大的调整，使之符合画面整体效果的需要。2.感受不同地域、不同地区文化的差异性，并加以提炼概括，融汇于作品，切忌以一种习惯的方法模式化重复，平庸是艺术可怕的敌人。3.勇于挑战自我，不以得一幅画为乐，而以有无心得为乐。心为本，画为末，画由心生，笔随意动，在不断的成功与失败的轮转中体会其中的苦与乐，而苦与乐是与艺术创作中相伴相随的同行者。

巴厘岛地处印度尼西亚，以旅游业为主。虽茶楼酒肆遍布，但一切井然有序，南面的澳大利亚与其隔海相望，这与我之前到过的柬埔寨、缅甸、马来西亚、新加坡等同属亚热带地区一样，草木葱翠，不同的是巴厘岛四面环海，潮汐、海风吹释了地表的热浪，婆娑的椰影，给予这座休闲度假之岛更添一分惬意。所以"巴厘椰风"这批作品的表现上我突出了一个"松"，三月的巴厘岛虽处旱季，但海风和海上升腾的水汽带走浮尘，使得色彩感觉更为清晰透亮。

作者：平龙　异域巴厘　海风

作者：平龙　异域巴厘　酒吧

作者：平龙　异域巴厘　神庙

作者：平龙

作者：平龙　异域巴厘　正午

作者：平龙　渔家

作者：平龙 异域巴厘 街口

作者：平龙　异域巴厘　椰风

四、土耳其建筑

作者：平龙　伊斯坦布尔旧城远眺

作者：平龙　遗迹

作者：平龙　老街区

作者：平龙　港口

五、澳大利亚建筑

作者：平龙　悉尼　CBD

作者：平龙　悉尼　雨城

我的调色盒

每次出发前我会将调色盒较彻底地清洗一次。在写生期间，我一般不会每次都将调色盒清洗干净，或是会洗出一块主调色区，而将其余杂色区保留着。我的调色盒有时越画越脏，但有时也越画越干净。一次画画中，有个学员问我："为什么老师的调色盒看上去那么脏，但画出来的画好像很干净？"我当时正专心作画便随口答道："你看，对象本来就如此啊。"事后我解释道：在野外画画，有某时某地的基色，抓住了基色就抓住了大感觉。再有，若在冬季作画，大自然退去了张扬的跳跃色，所谓秋收、冬藏，在色彩上也变得内敛。此外，我的体会是调度适当即为色。

在整个学习艺术过程中，我们会学到许多规律、方法，前辈师长总结了许多堪称之为真理的"法度"，这些"法度"都从不同的侧面阐述了所处时代的艺术观，或艺术认识中的某些规律，但是，这些认识、论断都必须经过作者个性的融会贯通，以达到最后运用自如。

孙子兵法堪称用兵宝典，但持宝典者有功臣，也有败将，其中之关键是如何整体、适时、适度地运用，才能掌握决胜之道。

作者：平龙　墨尔本广场

作者：平龙 悉尼 教堂

后记

>>> 建筑与水彩有不解之缘，笔者与建筑和水彩也有着不解之缘，几十年来风雨兼程，笔耕不辍，创作了大量的以建筑为主题的水彩作品。本书中除了部分图解说明使用了2008年之前的作品，大部分为2009年之后的新作（引用作品除外）。

>>> 笔者从事教学与绘画多年，很高兴能有机会与广大读者交流艺术心得，品评作品。在此感谢辽宁美术出版社的相关工作人员，是他们的努力工作使本书得以顺利出版。

>>> 同时要真诚感谢前辈老师、专家同行的热情帮助与支持。

>>> 本书中涉及一些学术观点为笔者一家之言，个人心得，片面之处欢迎专家读者批评指正。

参考书目

1.新概念绘画透视学　岳韬著　上海教育出版社　1994,12

2.简新透视图学　廖友璨著　新形象出版事业有限公司　1982,7

3.世界建筑水彩表现百年精品　王文卿编　东南大学出版社　2000,4

4.现代水彩画技法　张英洪著　四川美术出版社　1991,7

5.世界水彩600年　周刚编著　浙江人民美术出版社　2010,1